うちのむっくはいつも楽しそう

じゅん

はじめに

こんにちは
おいぬイラストレーターの
じゅんです
こちらは
愛犬のむっく
この本では
むっくの成長や暮らし
を通じて
おいぬの素晴らしさを
伝えられたらいいなと
思っています！
とにかくむっくへの
「愛」を一冊たっぷりと
詰めこみました
愛
?
クスッとしたり…
ほっこりしたり…
じ～んとしたり
していただけたら
うれしいです
よろしく
お願いします

人物紹介

むっく

ポメラニアンの男の子
いつも楽しそう。
好きなおやつは、
馬のアキレス腱。

じゅん

むっくと暮らす人間その1
このお話を描いている作者。
好きなむっくは舌が
はみ出ているむっく。

ななみん

むっくと暮らす人間その2
明るく陽気。
マイブームはむっくの
耳をハムハムすること。

もくじ

第1章 仕草・行動編

第2章 日々編

第3章

こいぬ・成長編

第4章

愛編

特別番外編

バチバチドッグ

仕草・行動編

第1章

期待するいぬ

トイレの前で
まってたのね
トトトト
んー…
じっ……
じゅんが動いたら
何かもらえると
思ってる
？
むっく…
立ち上がったからって
毎回おやつが
もらえる訳じゃ
ないんだよ
毎度
期待させて
すまないね

あきらめた…
クルッ
シャーッ
スクッ
いい子ね
ワーッ!!!
堅実におやつを
もらいにきた…

おもちゃ

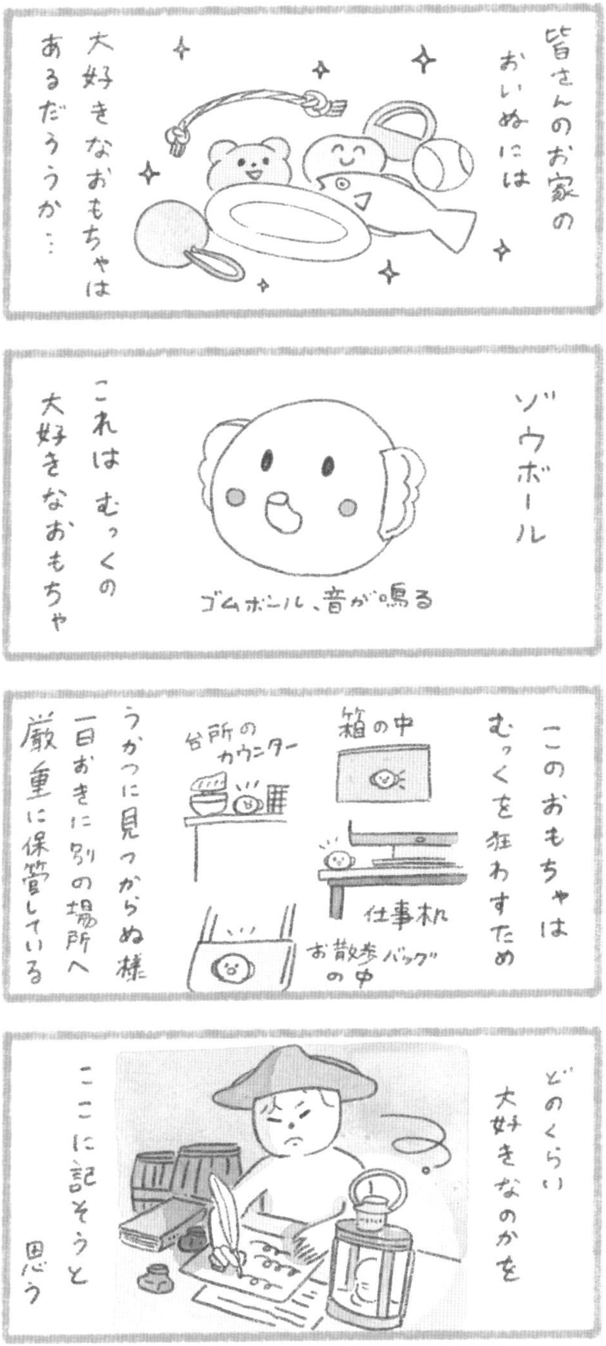
皆さんのお家のおいぬには
大好きなおもちゃはあるだろうか…
ゾウボール
これはむっくの大好きなおもちゃ
ゴムボール、音が鳴る
このおもちゃはむっくを狂わすため
箱の中
台所のカウンター
仕事机
お散歩バッグの中
うかつに見つからぬ様
一日おきに別の場所へ
厳重に保管している
どのくらい大好きなのかを
ここに記そうと
思う

朝起きるとすぐに
クンクン
むっく
おはよ〜
ご飯中も
チラ…
チラ…
めっちゃ見てる…
お散歩中も
前見て前!!
くるくる
くるくる
アレもってきてるのバレてるね…
ゾウボールの遊び方は様々
あそぶか〜
ヘッヘッヘッヘッヘッーッ!!!
(あそぶー!!)

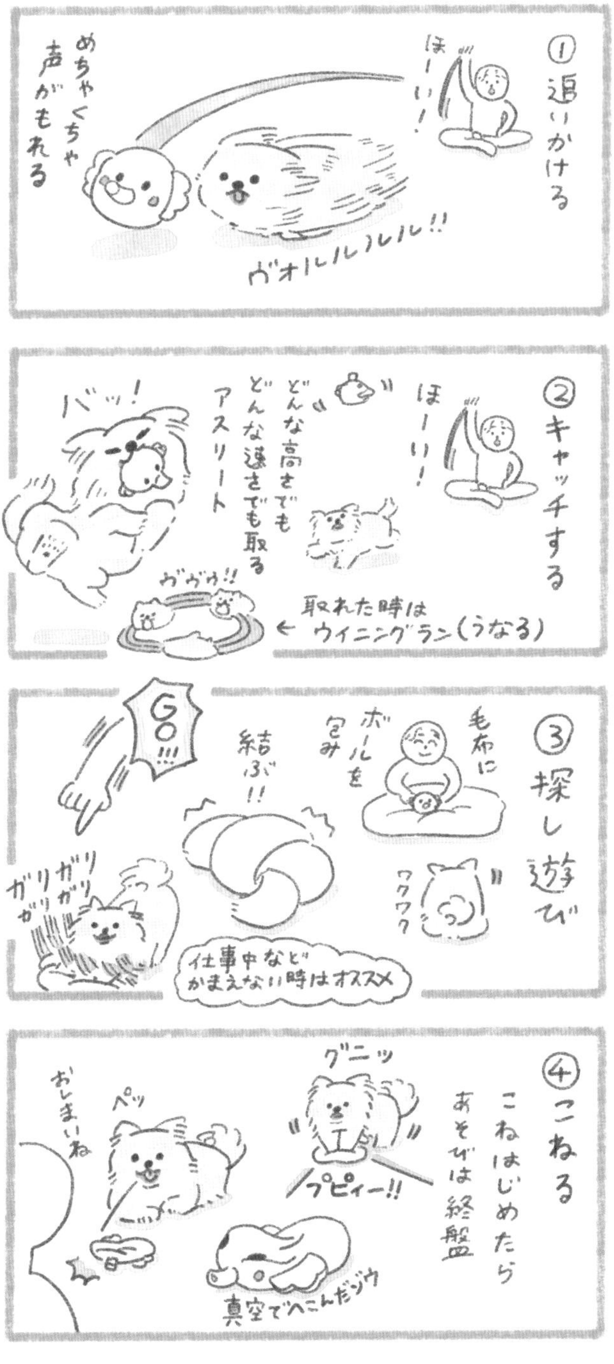
①追いかける
ほーい!
めちゃくちゃ声がもれる
ヴオルルルル!!
②キャッチする
ほーい!
どんな高さでもどんな速さでも取るアスリート
バッ!
取れた時はウィニングラン(うなる)
ヴヴヴ!!
③探し遊び
毛布にボールを包み
結ぶ!!
ワクワク
GO!!!
ガリガリガリガリ
仕事中などかまえない時はオススメ
④こねる
こねはじめたらあそびは終盤
グニッ
プピィー!!
ペッ
おしまいね
真空でへこんだジウ

お口がさけるん
じゃないかってくらい
笑ってて不安になる。

○○する人

今日も暑いね
アイスでも食べるか～
おっ
アイス食べる人～!
ハーイ!
ヘッ
おっ
じゃあキミは
にぼし
ヘッ
タタタタ
少し離れた所でムシャア!!

おいしかった〜
体も涼んだことだし…
遊ぶ人〜!!
ヘッ
おおっ
取ってこ〜い!
ヴォロロロア!!!
ヴルルル
むっくー!!
ボールちょうだい!
ヴォロ
投げるからちょうだい!
ヴォロ!!
ヴルルル

夢中になっちゃってるわ
ブンブンッ
あらら
持ってかれたら投げれないよ〜
そっちが来い
ボール持ってこれる人〜
ヘッ
むっくはなぜか「○○する人」という言葉をとても気に入っている…
はいいい子ね

骨かじる人〜!!
ヘッ
明日に向かって走る人〜!
ヘーッ
人〜!!
人〜!!
ヘッ
ヘッ
多用しすぎて自分の名前を「人」だと誤解してないか心配になった
あまりに喜ぶからつい…
?

ドッグランにて

はい来たよ〜
パァアア
うちのむっくは……
ドッグランが大好きだ!!
たくさんいる!
お〜
はいはい
今入るからね
クゥゥウウゥ〜ン
(訳:早く行かせてくれ)
ワクワク
スッ

おっ
どうも〜
タッタッタ
何してるの〜?
こんにちは〜!
タタタッ
元気〜?
どうもむっくだよ
来たよ〜
出た! むっくのあいさつ回り!
ドッグラン恒例!!

むっくはドッグランへ
来ると全てのおいぬに
あいさつをしたがる
すごいね！
あんまりグイグイ
行かないでよ～！
ワオーーン!!
クゥ～ン
あいさつ
できないよ!!
そっちは
大型犬
エリア
だよ!!
あいさつが終われば
いよいよ本番
くるぞ…
はじまる…
グググ
グググ…
ビューーン!!
はや～～！

元気ね～
?
ウオー!!
注目の的だ…
元気すぎて気持ちがいいね
みんなゆったりだけど
むっくだけがただ走ってる…
でもいつもなぜかむっくが走り出すと…
あいつ走ってるぜ…
本気…出すか…
不思議と他のおいぬも釣られて走り出す
見て見て!
むっくがみんなの士気を高めてる!

帰宅即
こうです。
グッ
スピーッ

ある夜

むっくは
2人でゲームをしたり
マンガを読んでいると
ドテンッ
あっ
おおっ
マンガ
間に入ってくる
ことがある
むっくも読むの?
ヘッヘッ
「ドン!」だよ
むっくほら!
1時間後
ふぁ〜
そろそろ
寝るか〜
タタタッ
これが幸せか
スヤリ

いただきます

あのね むっく
オイラ いつでも あそべます!
今からごはん食べる から遊べないの
ピシッ!!
ピシッとしたからって 遊べるわけじゃないよ
タタタタッ
分かって くれた…!
ピシッ!!
違うのもってきて ピシッとした…!

だめだめ
ごはん食べた後ね
ああ…
ポト
分かってくれたかな…
心苦しいけれど
ピト…
しょうがな…っ
かわいい!!!!!
ドォン!!
すぐ食べてすぐ遊んだ

むっくと公園

むっくは公園が大好きだ
ちょっと待って！
クウゥ〜ン
ズン
ズン
家を出てから一直線
公園に着くと明らかに表情が
パァァァァ
となる
少し草のにおいを確かめたら…
もう準備万端!!
この気持ち抑えきれねえ…!!
走
ボールであそぶ人〜？
喜びが限界突破してCDになってしまったいぬ
速く回りすぎてちょっと浮いてない!?

ナイスキャッチ!!
ヴルアー!!
はいじゃあ
ちょうだい〜!
もう一回やろっ……
ウイニングランさせて
くれー!!
スル〜
ほらっ
もう一回…
もう…
一回…
ヴァアアアア
グア!!
ヴヴッ
プ
こうなって
しまったら
もう止まらない
ははっ
芝生の面積を
フルに使って
回り続ける
ビィグア
ア゙ア゙ッ!

むっくをつなぐ
じゅん
支柱になった気持ちで見守ろう…
ある程度走るとボールを持ってくる
おっ!
投げることを許された!
ほいっ
パシッ
ビューーン
楽しそうでよかったよ
ヘッヘッヘッ
5・6周に一回ボール持ってくる

人間の言葉

おいぬと暮らしてる方は
分かると思いますが
おいぬは時々
日本語を理解している
と思う時があります
楽しかったね〜!
ヘアッ
ヘアッ
ヘアッ
ヘアッ
一旦お水
飲んできな
ちゃっ
ちゃっ
通じた…
んっ
何むっく
クイクイ
おしっこでも
したの?

ビシッ!!
したの！
案内してくれたの!?
ねーねー
シュシュを
無くしちゃってさ
おっ むっく
シュシュ
探せるかな!?
・・・
ポカーン
さすがに分からないね
どれどれ探そう
この辺で
見たよ
ニヤッ
うんうん

反射

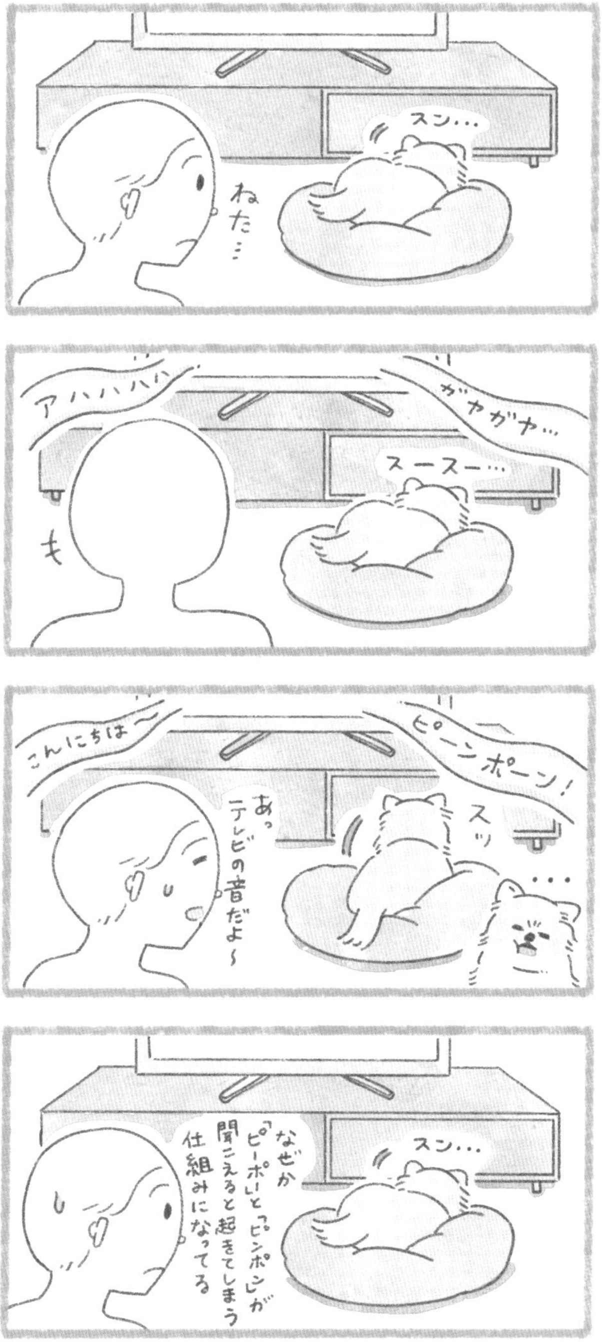
スン…
ねた…
ガヤガヤ…
スースー…
アハハハハ
も
ピーンポーン！
こんにちは〜
スッ
…
あっ テレビの音だよ〜
スン…
なぜか「ピーポー」と「ピンポン」が聞こえると起きてしまう仕組みになってる

違いの分かるおいぬ

むっくは違いの分かるおいぬ
ハフッハフッ
最近お気に入りの"ゾウボール"がボロボロになってしまった
全く同じ種類の新しいものを買った
ツルーン
ほら新しいの買ってきたよ!
ナニコレ
コロコロ〜
あれ…?
まさか…
ガサガサ
コッチだったりします…?
ボロの方
ピーーン!
スッ
フリ…
ヒー!!

公園で遊んだ時に
ついた土や草のにおい
幾度となく
キャッチしてついた
よだれと…
家のにおい…
同じ見た目でも
むっくにとっては
全くの別物か…
それくれ！
それくれ！
こりゃ
思い出が
違うな

新しいうちで一向に
遊んでくれないので

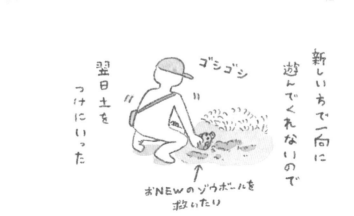

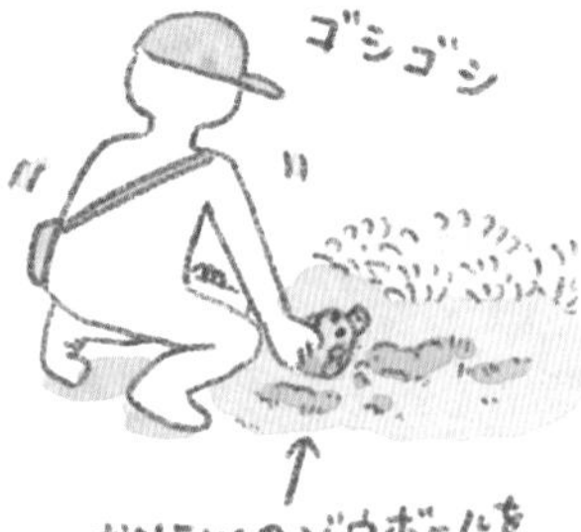
ゴシゴシ
おNEWのゾウボールを救いたり

翌日土を
つけにいった

コラム

心躍る！時期別！むっくの好きなおもちゃ

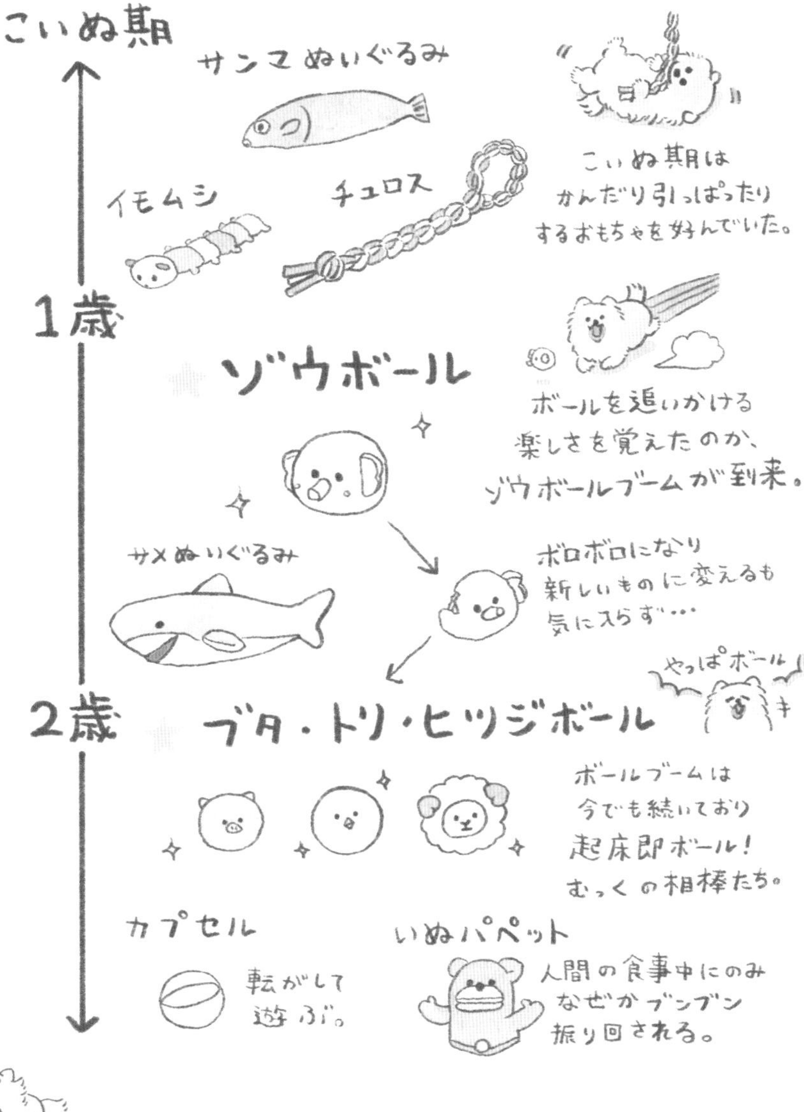

こいぬ期
サンマぬいぐるみ
イモムシ
チュロス
こいぬ期はかんだり引っぱったりするおもちゃを好んでいた。
1歳
ゾウボール
ボールを追いかける楽しさを覚えたのか、ゾウボールブームが到来。
サメぬいぐるみ
ボロボロになり新しいものに変えるも気に入らず…
やっぱボール
2歳
ブタ・トリ・ヒツジボール
ボールブームは今でも続いており起床即ボール！むっくの相棒たち。
カプセル
転がして遊ぶ。
いぬパペット
人間の食事中にのみなぜかブンブン振り回される。

うちのむっくをもっと見て！のコーナー

その1

日々編

第2章

人間2 おいぬ1

人間2、おいぬ1で過ごしていると
面白い発見をする
ただいま〜
帰ったよ〜
タッタッタッタッ
おっ来た来た
はいはいはい
こっちも帰ったんですけど〜
帰宅時はこっちに来る

お風呂の時は…
上がったよ～
なんだなんだ
うれしいと耳がなくなる
（アザラシ）
ヘアヘア
フリフリフリ
こっちには来るけど…
上がったよ～
・・・
何の顔それ・・・
シーン…
こっちには来ない

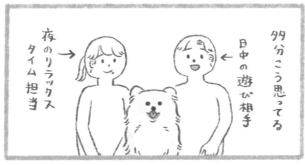

朝のあいさつは
どっちにもするけど
夜ひざに乗りに来るのはこっちで
こたつ
かわいい…
バッ!
よく遊びにさそわれるのはこっち
グゴグルゴオオ…
やるのか!?
多分こう思ってる
日中の遊び相手
夜のリラックスタイム担当

雨の日

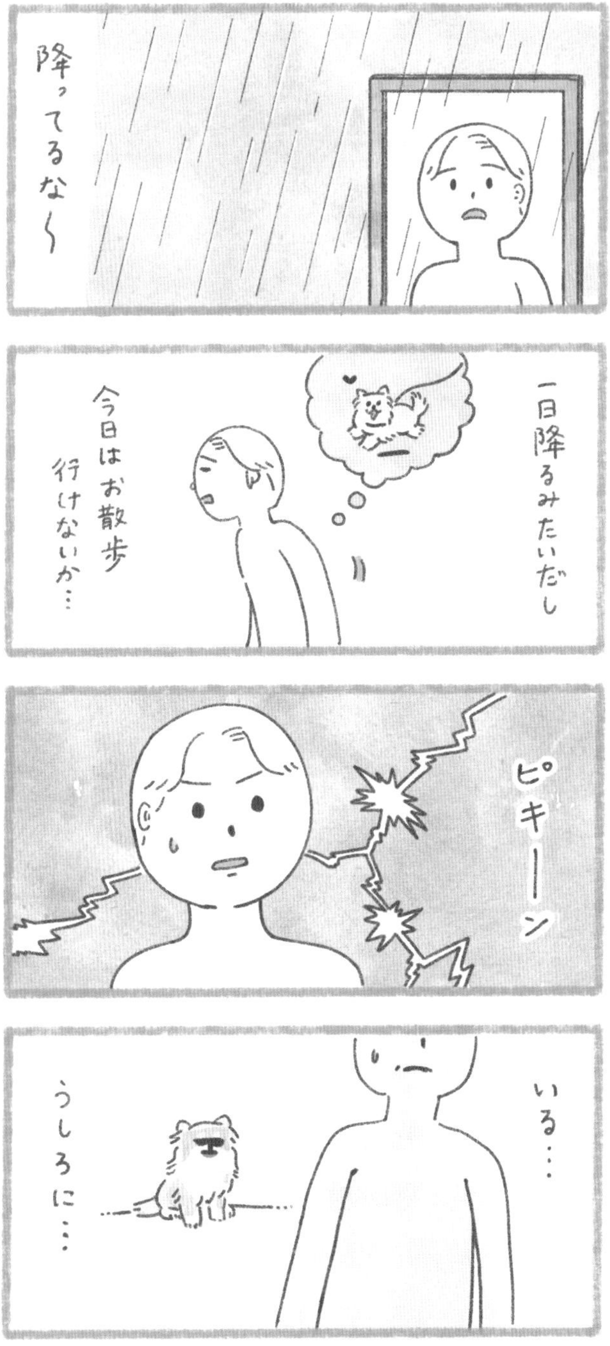

お散歩に行きたいいぬが
そこに
フンス
いる…
ごめんねむっく
?
今日一日雨なんだって…
五分後
うーん…
うーん…
いるね
いるねえ

今小雨だし
ちょっと出てみる？
いいね！
ヒー
シャンプー
したばっかなんだけ…
ど…
バシャ
ヘッヘッヘッ
ハア〜
ベタ〜
もうどうにでもなれー!!
びしょぬれ芝生
ふみ荒らしいぬ（毛がチリチリ）

こたつ

最近とても
過ごしやすくなった
もはや暑いくらい
そろそろコレを
片付けなければ
こたつ
でも
こんな状態
こたつ周りがすべておふとん
(人間含む)
もう春よ〜
遊ぶ時も
ゾリッ!
こたつにボールを隠す
ひとり遊び

片付けてよいものか……
ビシッ
あそべっ
だけど片付ける！
オラー!!
ブーブー!!
あそべー!!
反対
お・・なんか広くなった気がする！
ズン……
机の下まで走れて
いいね
ビュー!!

スススッ
んっ?
シーン…
?
おお…
屋根付きの寝床だ…
スヤリ
こたつなくても大丈夫そうだね
人間には年中必要かもしれない…
こたつ狂だ…

おいで〜おいで〜
かわいくて買ったコレには
全然入ってくれない。
なんとか気に入ってほしい
ササッ

巨人

あ〜ッ!!!
ドシーン
ギンギン
大丈夫!?
うう…巨人の倒され方した…
かまわずかぐいぬ
引っかからないように回りつつ…
クルクル
あ〜ッ!!!
危ない!! それも巨人の倒され方だから!!
?

ふわふわベッド

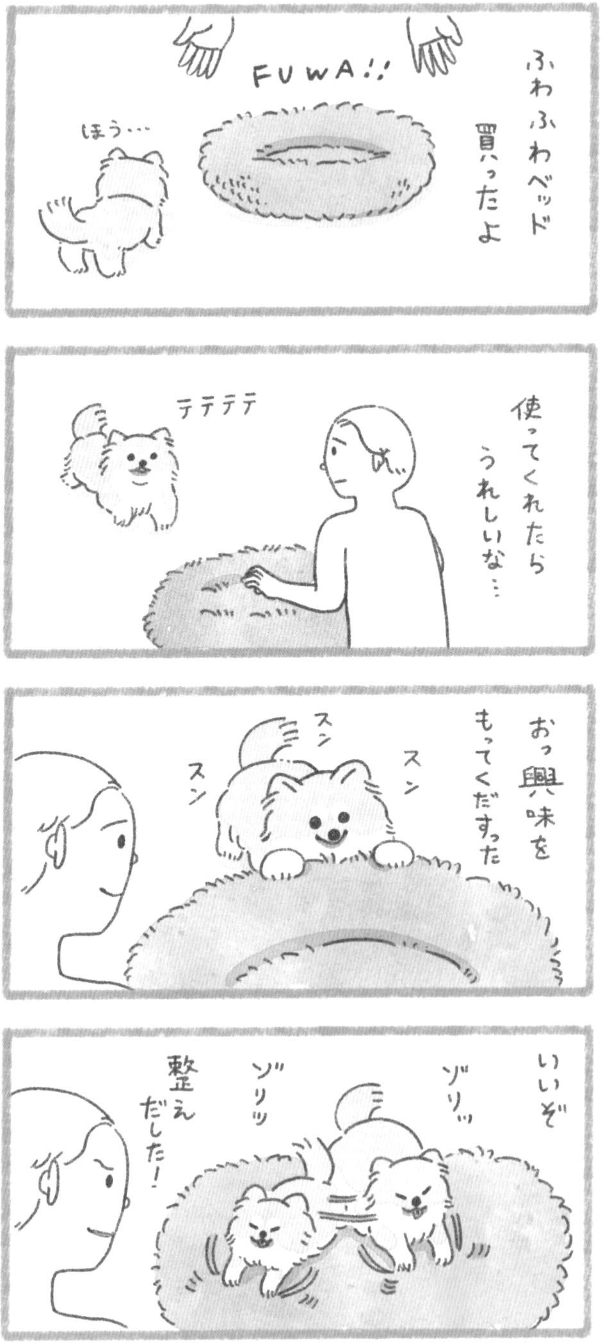

ふわふわベッド買ったよ
FUWA!!
ほう…
使ってくれたらうれしいな…
テテテテ
おっ興味をもってくだすった
スン
スン
スン
いいぞ
ゾリッ
ゾリッ
整えだした!

スンッ
ねたっ!!
ゾリュンッ
はみ出たっ!!!
あの…
それで熟睡できるのかな…
めっちゃ見てくる
それでいいなら
オッケーです…

トルコアイス屋さんのアレ

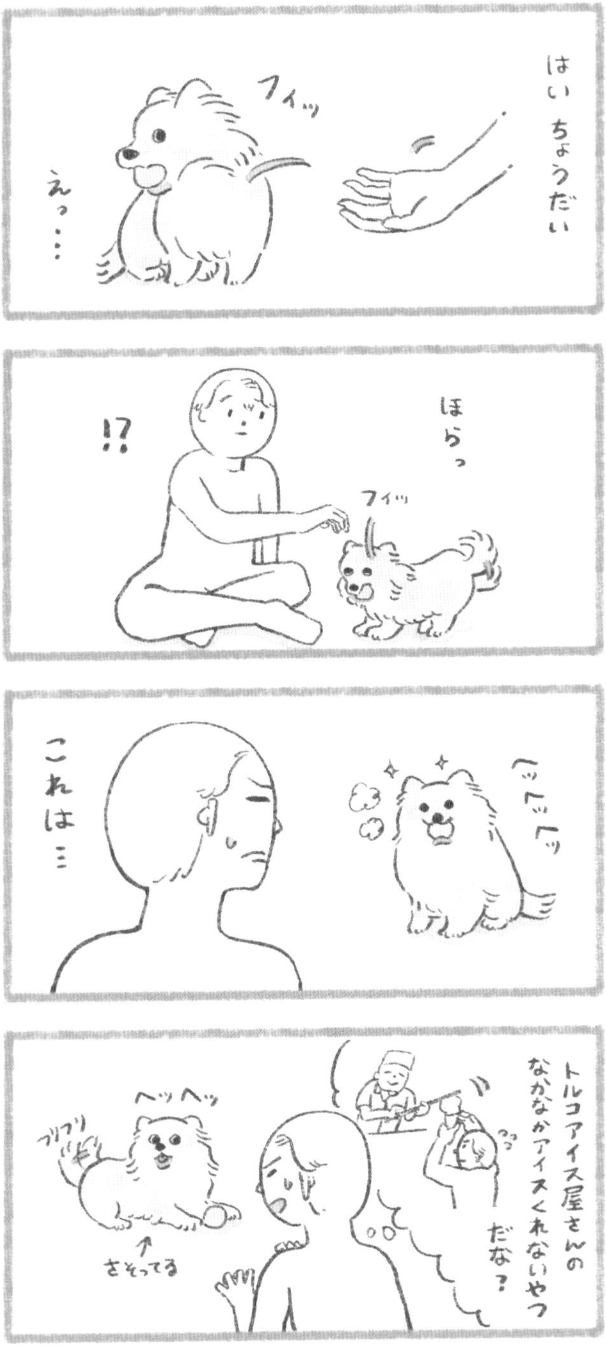
はい ちょうだい
フィッ
えっ・・・
ほらっ
フィッ
!?
ヘッヘッヘッ
これは…
トルコアイス屋さんのなかなかアイスくれないやつだな？
ヘッヘッ
フリフリ
さそってる

もう寝るよ〜‥

ひとり遊び

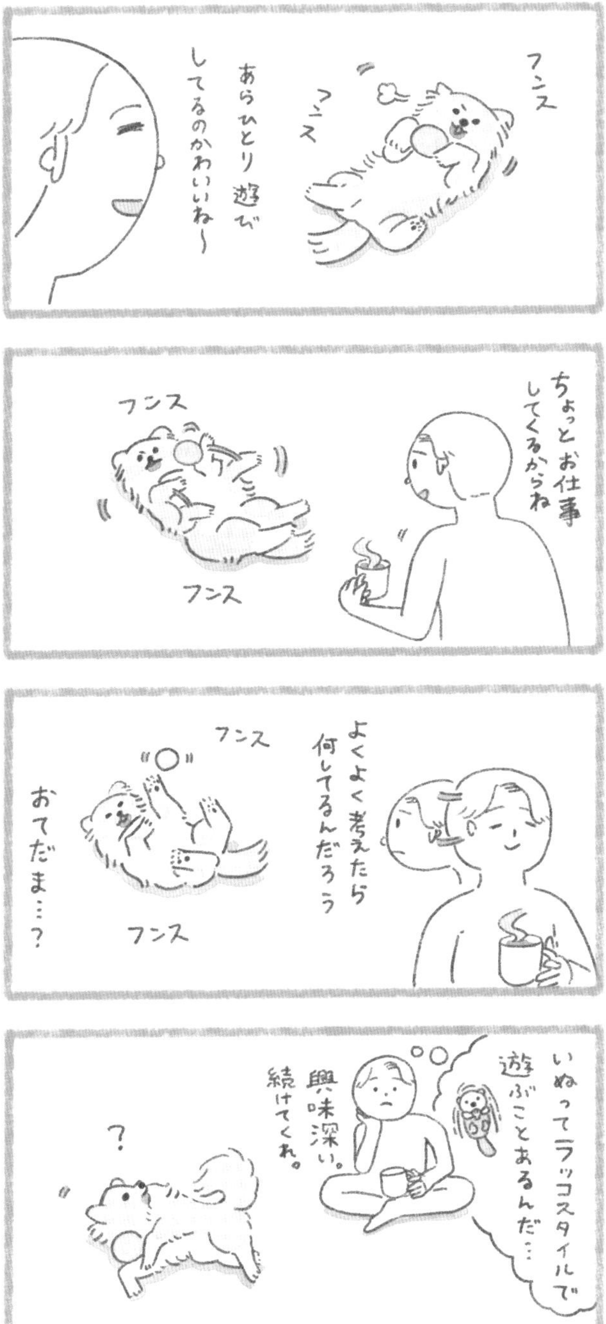

フンス
フンス
あらひとり遊び
してるのかわいいね〜
ちょっとお仕事
してくるからね
フンス
フンス
フンス
よくよく考えたら
何してるんだろう
フンス
おてだま…？
いぬってラッコスタイルで
遊ぶことあるんだ…
興味深い。
続けてくれ。
？

おお おお おお
フンス
目がもう その道の人だよ
フンス
ポーン!!
何かしら決めたー!!
どよっ
んっ
ポチョンッ
んすっ…
どう!?
ぼくすごい!?
フーッ フーッ
あっ あううう
プカプカ
すすごいねえ…!

ウマのアキレス

ウマのアキレス入荷よ～！
ヘァー!?
お！アキレスだってよ！
固いから気を付けてね～
ガッガッ
ガッガッ
チャッチャッチャッチャッチャッチャッチャッチャ
どう？おいしい？
入っちゃってるね
「ゾーン」に
チャッ
チャッ

箱のすがた

あらむっくちゃん
箱みたいでかわいいねぇ
BOX
スンッ
後ろ足がどう収納されているのか気になる
多分この辺りか…
ファサ
失礼しま〜す
やってる〜?
おおっ
チマッ
チマかわいい〜!!!!

いぬ好きいぬ

いぬいた
ウルルン
ドキ
ドキ
いぬいるね〜
でも今日はこっちだよ〜
ハッハッハッハッ
ははっ
脳内であそんでるのかな
ガサッガサッ
ガサッ
ガサッ
ビニール袋
INU!
ハッ!
ちがうよ

ガララララ
ガララララ
INU
ハハッ!
ちがうよ
ガサッガサッ
ドキ
ドキ
ガラララ
ヘッ?
いぬじゃなかった
ヘッヘッヘッ
どっちにしろ
すごく楽しそう

むっくの匂い

疲れた時には
いぬの匂いをかぐに
限る
しかも
いぬは部分部分で
匂いが違う（じゅん調べ）
頭頂部
出汁の匂い
時々タンス
耳の中
貝殻
潮の匂い
ザザア
胸毛
やさしいパンの匂い
ミルク系

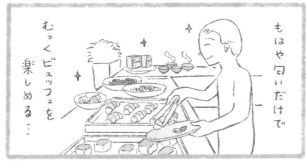

首周り
塩パンの匂い
みんな大好き
肉球
ポップコーン
香ばしいアーモンドの匂い
くさい所もあるけれど
くっ…
海鮮系の匂い
?
ついついかいでしまう
もはや匂いだけで
むっくビュッフェを楽しめる…

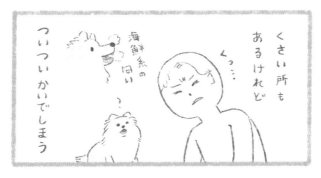

コラム

むっくのにおい コレクション

出汁のにおい
時々タンス
貝殻・潮のにおい
塩パン
海鮮系
天日干しした毛布
やさしいパンのにおい
くさい
ちょっとくさい
ポップコーン・アーモンドのにおい

こう寝てたらチャンス!
すぐかぎましょう
※イヤがられない程度に
スゥーーッ
皆さんのうちの子のにおいはどんなにおいですか? 次ページに記入シートをのせてみました! ぜひ書いてみてください〜!!

うちの子　においシート

お写真

おなまえ

ねんれい

におい（自由に記入ください）

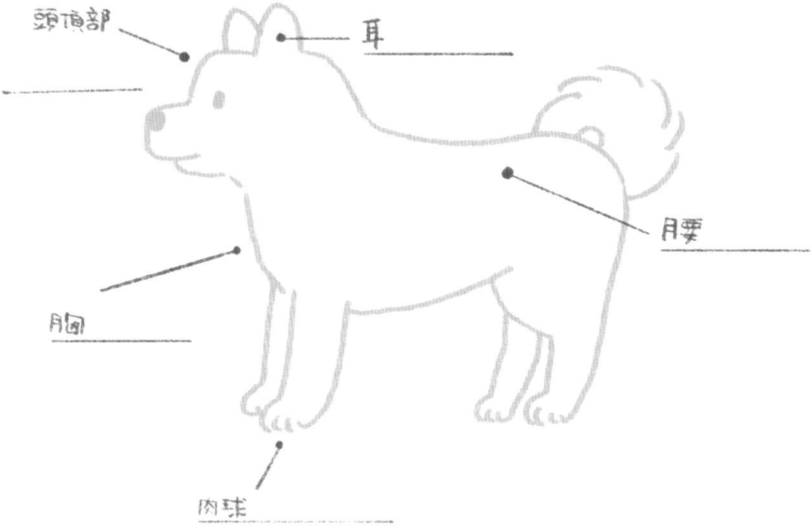

メモ

#うちの子においシート

by じゅん
X：@kametan_jun
インスタ：@jun8213kame

うちのむっくをもっと見て！のコーナー その2

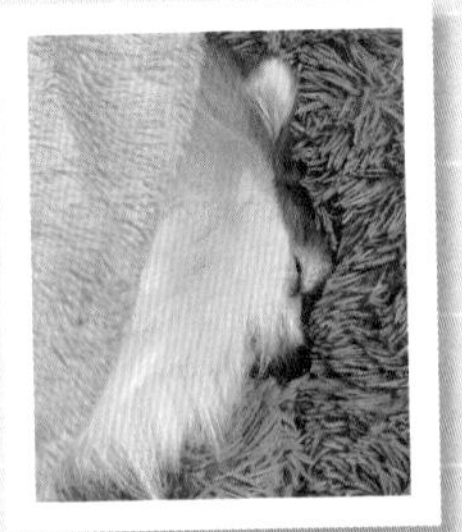

こいぬ・成長編

第3章

こいぬのむっく

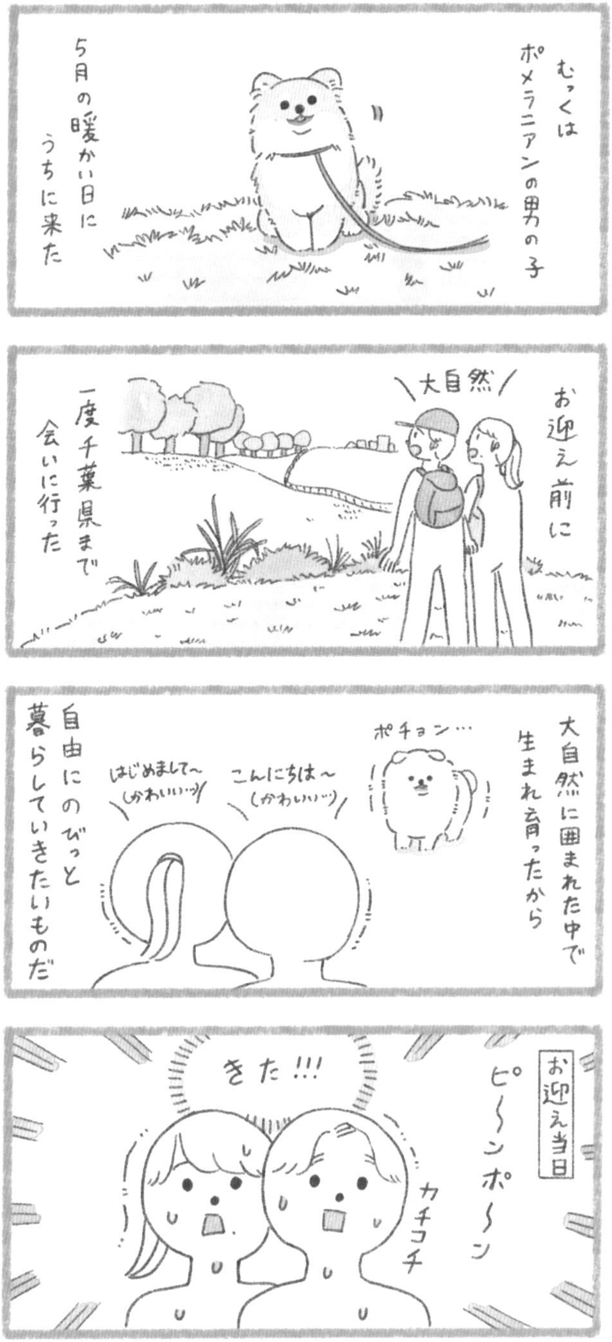
むっくは
ポメラニアンの男の子
5月の暖かい日に
うちに来た
お迎え前に
大自然
一度千葉県まで
会いに行った
大自然に囲まれた中で
生まれ育ったから
ポチョン…
こんにちは～
(かわいい…)
はじめまして～
(かわいい…)
自由にのびっと
暮らしていきたいものだ
お迎え当日
ピ～ンポ～ン
カチコチ
きた!!!

はるばる来ていただいたブリーダーさんから大事なお話を聞き…
キ
はいっ
はいっ
ケージ
（かわいい…）
その間ウンチをするむっく
初ウンチ…！
こうしてむっくとの生活ははじまった
むっくだ…
ポンポコリーン！
むっくだ…
これからよろしくね！
も
?
毎日楽しく過ごそうね！
キ
レッツ！むくむくライフ!!

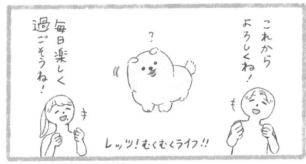

暴れん坊コレクション①

チーーッ
敷いたそばからチーチ…!!!
ズコー
ココッ
シミ〜〜ッ
しばらく使って汚れてきたので外すことに…
おしっこくさい…
トイレシートと素材が似ているからかトイレと勘違いすることが多かった
いいの見つけた
厚みのあるジョイントマット!!
滑り止めのデコボコ付きで水分も拭き取れる!!
これだ!!
仕上げにいぬ用すべり止めワックスを塗り完ペキ!
グリップもよし!!
キュッ
ジョボー
結局スキマベトベト!!

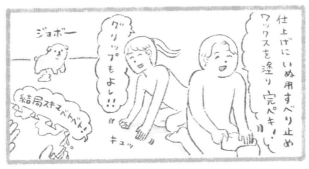

暴れん坊コレクション②

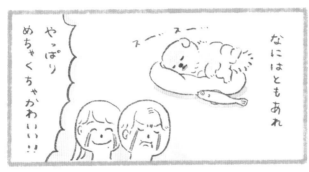

こういう時は…
「グー」の手をする!!
!?
グーッ!!
噛む所無いでしょ〜
アワアワ
しつけのトレーナーさんに教えてもらった
やめたらすぐほめる
イイコネ
アワワ…
想像の100倍ヤンチャということで
見て見て!
ねてる?
ウトウト
色々学ぶことも多くあり大変でしたが
なにはともあれ
スー…スー…
やっぱりめちゃくちゃかわいい!!

クチャいぬむっく①

よ〜し今日も一日がんばるか〜
クッチャクッチャ
クッチャクッチャ
ズザァ
クッチャ…
はい髪の毛食べない!!
キョロキョロ
ギチィ…
はい髪の毛探さない!!
こりゃだめだ!
まず掃除からだ!

お散歩デビュー するも……
キ
初上陸だよ～!!
ワクワク
クッチャ クッチャ
ん？
砂!!
砂!!!
ツルツルのタイルで再挑戦
ここなら大丈夫か？
ドキドキ
ニチッ ニチッ
ん？ ん？
スキマの苔みたいなの!!
スキマの苔みたいなの!!

クチャいぬむっく②

拾い食いひどひど期が到来したむっく
ふぅ…
家がピカピカになるのはいいね…
・・・
拾い食い癖は怖いから
絶対なおそう！
グッ
?
髪の毛
クチャクチャしていたらなるべく真顔で取る
ピッ
かまってほしい場合が多いのでできる限り反応しない
砂や石
「アイコンタクトしてゴハン」を徹底したら
ゴハン
すぐに興味は無くなった

落ち葉
最難関…
ヒーッ!
待ってー!!
ガーッ!
落ち葉は風で動くので執着がすごかった!
足でブロックしたり
ムッ
ザッ!
ウググ…
マーテ!
ヒュ〜〜
お座りでスルーさせたり
(どちらもトレーナーさんに教えてもらいました)
数ヶ月後、気付くと執着は無くなっていた
あっ
スルーーッ
そういえば追いかけなくなったね
もしかしたら
クッチャ
クッチャ
おもちゃの方が楽しいことに気が付いたのかも…
ハハ
も
キ

はじめてのワクチン

これから初めての「ワクチン接種」
むむむむっく～
ちゅちゅ
注射行くよ～
？
動悸が…
むっく!!
がんばれ!!
こんにちは～
受付
かわいいね～っ
ひと!! だいすき!!
えらいね～
プスリ
一瞬で終わった…
なんで人間の方が緊張してるんだろ…

猿期

ポメにはこいぬの時期の
成長過程で
?
「猿期」というものがある
「猿期」とはこいぬの毛から
成犬の毛へ生え変わる
換毛期のことをいい
キュルン
成犬!!
生後3〜6ヶ月頃
←毛
その様子がまるでおサルさん
のようでそう呼ばれた
むっくにも当然あり…
わーっ!!
なになに!?
ごっそり…
おー!!
ついにきたか!
バブむく

一ケ月後
おサルさんと
いうより…
中央だけ
毛なし
ヘラッ!
オレか?
頭フサフサ
毛がスカッとしているので
足が長く見える
ライオン…?
当時は こいぬのヤンチャ期
まっただなかで毎日バタバタ
していて
猿期をじっくり
堪能できなかった…
今考えるともっと
たくさん写真とったり
一日中ながめたり
したかったね
比べてみるとすごいよ
今も昔も変わらず
激カワベイビーだね

ミニイエティが
やってきた！

お留守番

むっく〜
ちょっと
お買い物
行ってくるよ
プリプリ
2人とも在宅ワーク
なのでたまにしか
外出しないから不安だった
大丈夫かな…
ソワ
ソワ
なるべく
早く帰ろう！
ソワ
ただいまー！
パアアアアア
こんなに
喜んでくれるの
号泣
初めの頃は不安すぎて
ゴープロ(カメラ)を設置してた
わーえらい
エライ？
zzz
爆睡だね

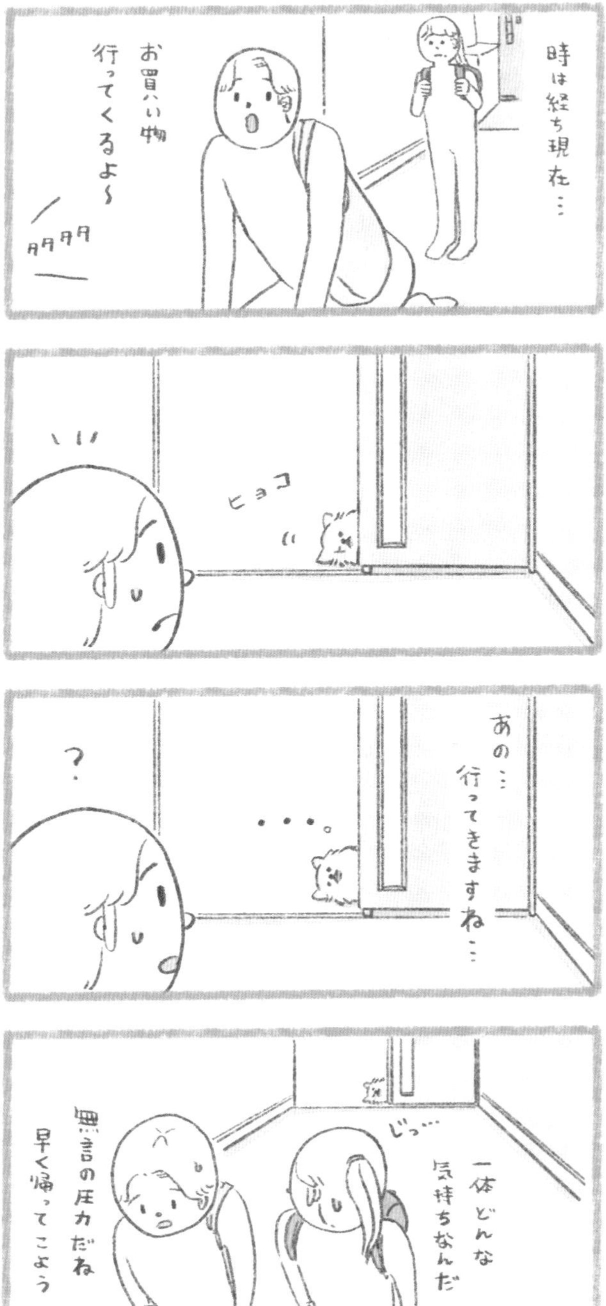
時は経ち現在…
お買い物行ってくるよ〜
タタタタ
ヒョコ
あの…行ってきますね…
?
・・・。
じっ…
一体どんな気持ちなんだ
無言の圧力だね
早く帰ってこよう

初めてのボーロ

こいぬ期
これね
ボーロって
言うんだよ
クンクン
ボーロ
むんっ
むんっ
ポトッ
ペロペロ
ハムッ
大事に
食べてて
かわいい…
ペロペロ
ハムハム
現在
シャクィッ!!
一撃

コラム

むっくが選ぶ！好きなおやつ4選

1 アキレスジャーキー（ウマ）

ウマのアキレスけん

固めのジャーキー。これが狂うほど好き。
「アキレス」という言葉も好きで
「秋だね〜」と言うだけで…

アキ…？

2 煮干し

健康によさそうという理由で
買ったらすごく好きだった！
ごはんの食いつきが悪い
時は、ふりかけてもよし。

パラララ

3 ヤクミルクチーズ

こちらも
かじる系おやつ。
ガジガジできるので、
ストレス解消にもよさそう。
小さくなったらレンチンで
サクサクおやつになるのもよい！

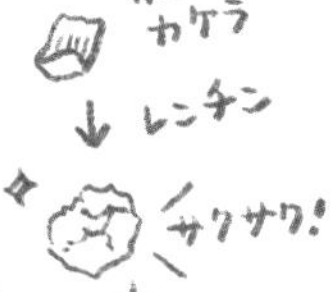
余ったカケラ
レンチン
サクサク！

4 ボーロ

ごほうびの定番！
低カロリーで野菜入りの
ボーロをあげている。

シャクッ
音がいい

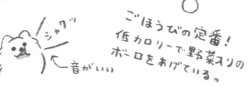

うちのむっくをもっと見て！ のコーナー

その３

愛編

第４章

うちのむっくはいつもかわいい

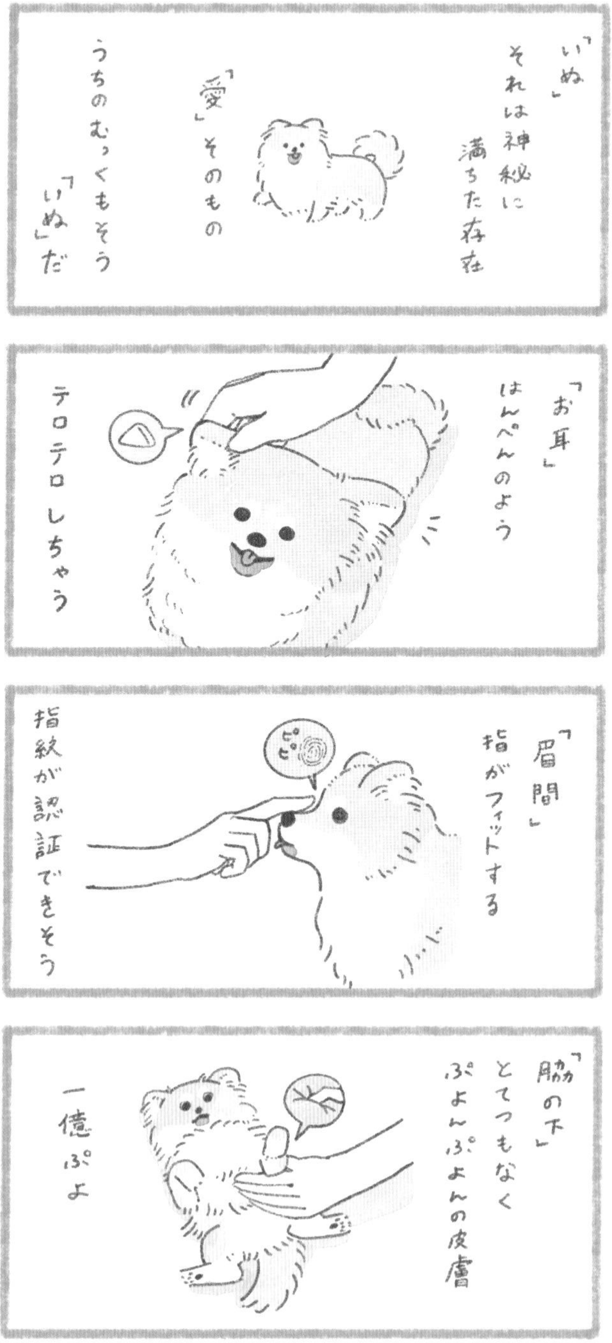

「いぬ」
それは神秘に
満ちた存在
「愛」そのもの
うちのむっくもそう
「いぬ」だ
「お耳」
はんぺんのよう
テロテロしちゃう
「眉間」
指がフィットする
ピピ
指紋が認証できそう
「脇の下」
とてつもなく
ぷよんぷよんの皮膚
一億ぷよ

「おてて」
伸びをしている時に
気付くガチの指
かっこいい
意外と長い!
「肉球」
この世の宝
とにかく吸おう
「胸毛」
ふわふわすぎる
ムン!!
もはや雲
「おしり」「背中」
「しっぽ」…
語り尽くせぬ存在

それが「いぬ」

これもいぬ

いい子

あらむっくさん
おてできて
いい子ね〜！
完食できて
いい子ね〜
お利口に待ってて
いい子だね〜
たくさん寝て
スピィ〜〜〜…
いい子だね〜

お水のめて
いい子!!
ペリョッ
ペリョッ
すべてが
いい子!!!
なんでもかんでも
いい子って
言っちゃうよね
そっ…
シュシュ
あらシュシュくわえて
いいこ…
じゃなーい!!!
ポイッ
だめかっ
いい子の流れで
いこうとした…
頭がよくて
いい子だ…

スキマ

あらむーちゃん
かわいい
スキマだね〜!
ココ
かわいいスキマ作って
どうしたの〜!?
そんなにかわいい子には
ボールをプレゼント
かわいいっ
スッポリ
スキマにぴったり
はまっちゃったよ
取ってみる?

あらまたかわいいスキマに元通り
もう一回ほら
かわいいっ
スッポリ
ふわぁ〜
スキマかわいすぎるよむーちゃん…
?
とうとういぬが作り出す空間までかわいく思えてきたか…
かわいいい…
かわいいい…
?

むっく2歳

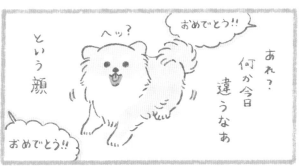

むっくが2歳になった
0歳
1歳
2歳!!
3月3日…
今日はお誕生日
むっくはいつも通りの朝
ふわぁ~
むっく~!!
おめでと!!
おめでとう!!
だけどこちらは大騒ぎ
おめでとう!!
あれ?何か今日違うなぁ
ヘッ?
という顔
おめでとう!!
おっ何かを察した
クル
クル
クル
クル
クル
クル
回ってる回ってる

今日はね
お誕生日だから
いっぱいボールで遊んで
いっぱいお散歩して
いっぱいごはんとおやつ
食べようね
ピキーン
いっぱいボールで
遊んでいっぱい
お散歩していっぱい
ごはんとおやつ～～
むっくの知っている言葉が
たくさんで目がギンギン
よく分からないけど
とにかく楽しいことが
起こりそうだ!!!
ヘアッ!!
完全に
理解したっぽい
そしてあっという間に
ウガー!!
ひたすら遊び
カフェ
おいぬ用
ケーキ
一日が終わり…

いや〜今日は
楽しかったね
むっく〜
し〜っ
もしや
寝てる…？
ちょっと見て！
こうよ
楽しんだ以外の
何物でもないね…
これからも
よろしくね
むっく

牛乳
Happy Anniversary

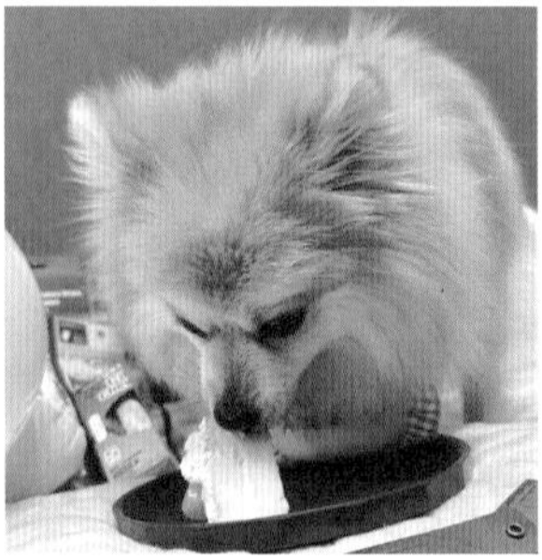

むっくとお話

おいぬは元々
群れの動物
ひとりでいることは
苦手
だから信頼している人に
話しかけられると
寿命が伸びる
という話を
聞いたことがある
ふむ
ストレスが軽減
されるそうだ
むっくさん〜
!!
おいで〜

声のトーンは
やさしく高めで…
今日も楽しく
過ごそうね〜
おいぬは人の話した
言葉の意味は
分からなくても
なにやら
たのしそうな
こと
言った!?
声のトーンや声色は
聞いている
お散歩の時も
楽しいね!
遊ぶ時も
行くよー!
話しかけると
一生懸命
聞いてくれるけど
ピクッ
耳うごく

ハッハッしながら集中して
聞いてくれるから
キタ!
ふふっ
ちょびっと舌が
出てしまう
むっくさん
舌しまい忘れてるよ
?
ちょっと
モモっぽい
これが
とんでもなく
かわいい
プリンッ
これからも一生
そばにいてほしいので
いい子ね〜
ヘッヘッ
えらいね〜
たくさん話しかけて
いきたい

考えてしまう

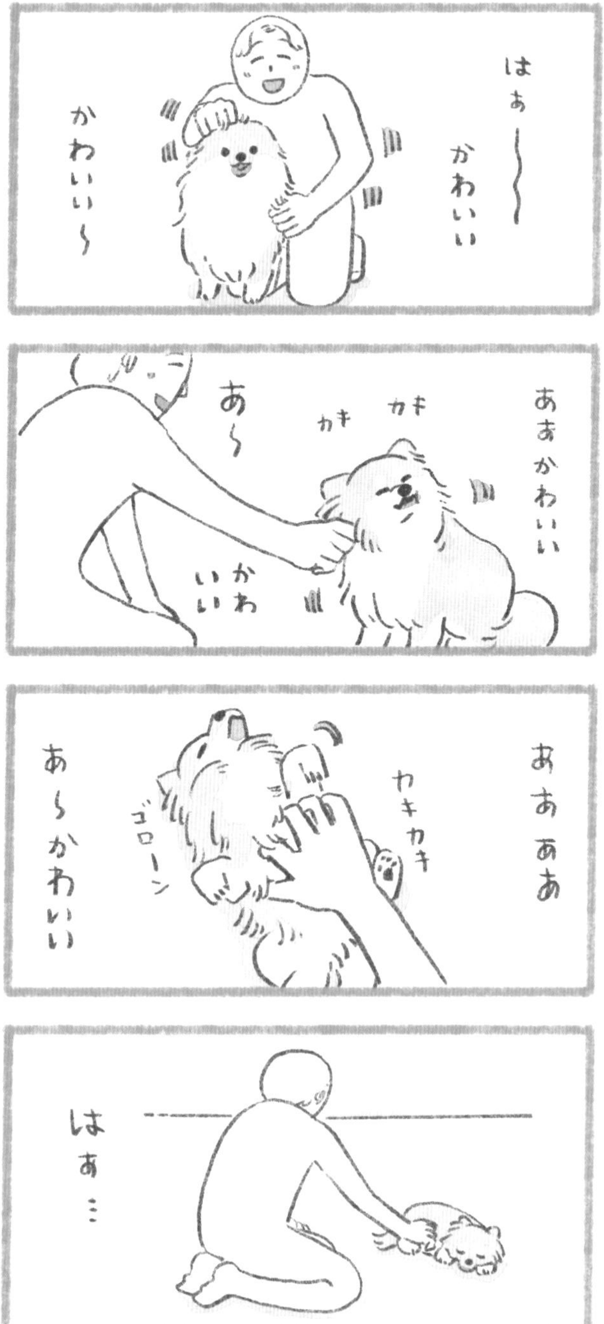

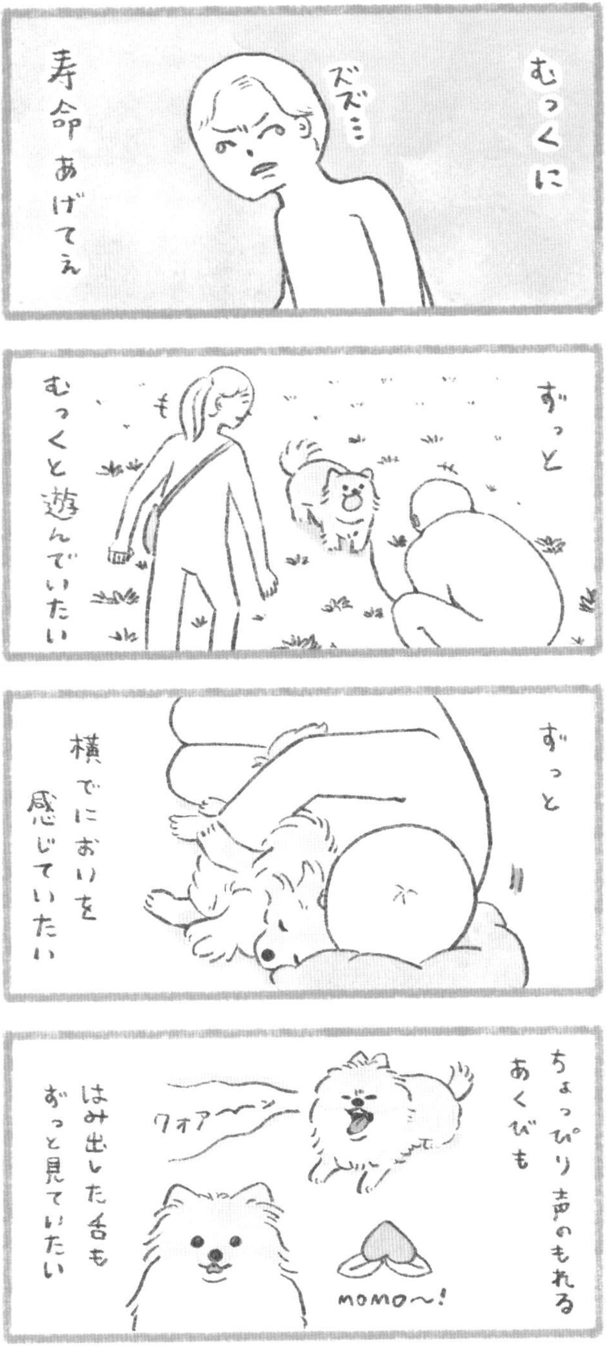
むっくに
ズズ…
寿命あげてぇ
ずっと
むっくと遊んでいたい
も
ずっと
横でにおいを
感じていたい
ちょっぴり声のもれる
あくびも
クォア〜〜ン
はみ出した舌も
ずっと見ていたい
MOMO〜!

ずっと
目やにを
取らせてほしいし
ずっと
できた！
おやつ…
おやつは？
はみ出したおしっこを
ふかせてほしい
いつまでも
一緒にいれたらなぁ
と考えてしまう
だから
一日一日
一秒一秒を
大切に過ごして
いきたいね

相棒

人間の相棒
「いぬ」
ドラマや映画でも
相棒として出演して
いるのをよく見ますね
いぬ好きさんは
分かってくれると
思うのですが…
これ見たい
イヌでてる
いいね
いぬの出る作品を
見ると…
とてつもなく
とんでもなく
感情移入
しちゃいますよね

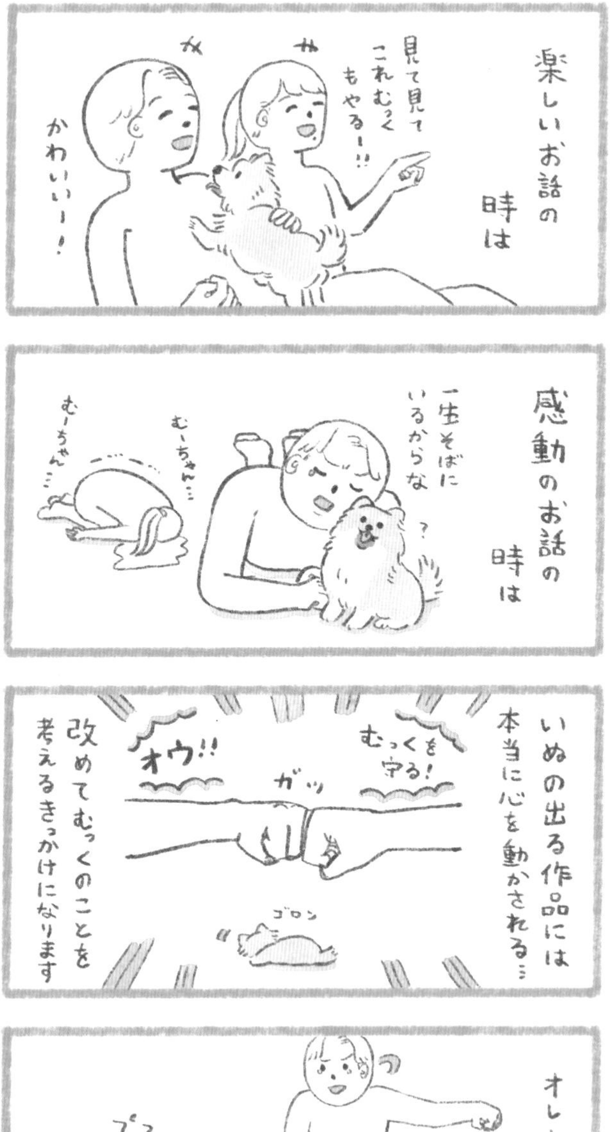
楽しいお話の時は
見て見てこれむっくもやるー!!
かわいいー!
感動のお話の時は
一生そばにいるからな
?
むーちゃん…
むーちゃん…
いぬの出る作品には本当に心を動かされる…
むっくを守る!
オウ!!
ガッ
ゴロン
改めてむっくのことを考えるきっかけになります
オレたち相棒だよな!!
プスー…
とのこと

表情

むっくは表情が
豊かで
見ていると
とても面白い
通常のお顔
キリッ
割とりりしい
楽しい時
ヘッヘッヘッ
「ヘラッ!」と
聞こえてきそう
退屈な時
ごめん
にらみがすごい

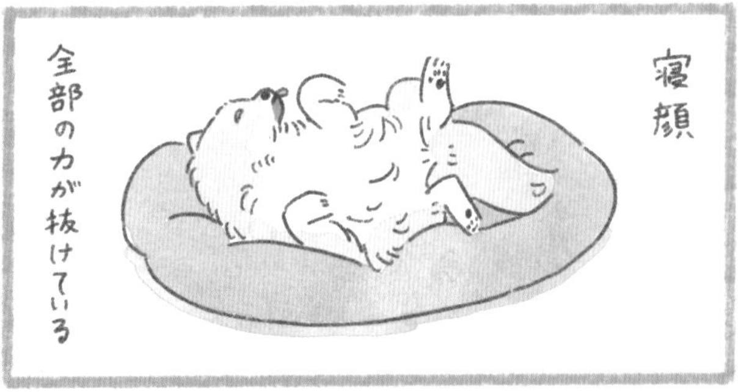
寝顔
全部の力が抜けている

寝起き
おじいちゃん

ボールで遊ぶ時
スッ
シュッ

ほぼ恐竜でこわい
ガーッ!!
ガーッ!

ニトウシンフワフワザウルス

唯一無二の存在

むっく こいぬ期
ブラッシングするひと～～…
は～～い…
ヴォア!!
ヴォア!!
この元気の化身は一体いつ落ち着くんだ
本によると一歳になると落ち着き始めるみたい
むっく一歳
はい ボール投げ…
ズダアン!!
早い早い!! まだ投げてない!!
ネットの情報では二歳にはかなり落ち着くらしいけど…
ピーン
本当に落ち着くのかな～

むっく二歳
ヴルア!!
ガァーーッ
ヘァ ヘァ ヘァ ヘァ ヘァ
元気印
ううん!
いいんだよ
いいんだよ
そのままで
いいんだよ
?
元気なのはいいこと!
いつも楽しそう
なのがむっくで
唯一無二の存在!!
でもこの先
どんなむっくも
むっくだし
どんなむっくも
大好きだよ…
ナゲロ…

ねぇ、むっく

むっくが来て
毎日がさらに楽しく
さらに明るくなった
月日が流れるのも早く感じている気がする
気付けば
一年
二年と経っていた
いぬは人間の何倍ものスピードで成長する

数ヶ月先に
楽しみな予定を
立てたとして
旅行予約したー!!
むっく旅行だって!
早くこないかな〜
という気持ちと同時に
その間も
むっくの中では
のび〜
楽しみだね
とてつもないスピードで
時が流れていると思うと
心がぎゅっとなる
へッ!!
何やってるのそれっ
パフォーマーだ
へッ!!
暑い日も寒い日も
スッ…
一日中
遊びたそうなむっく

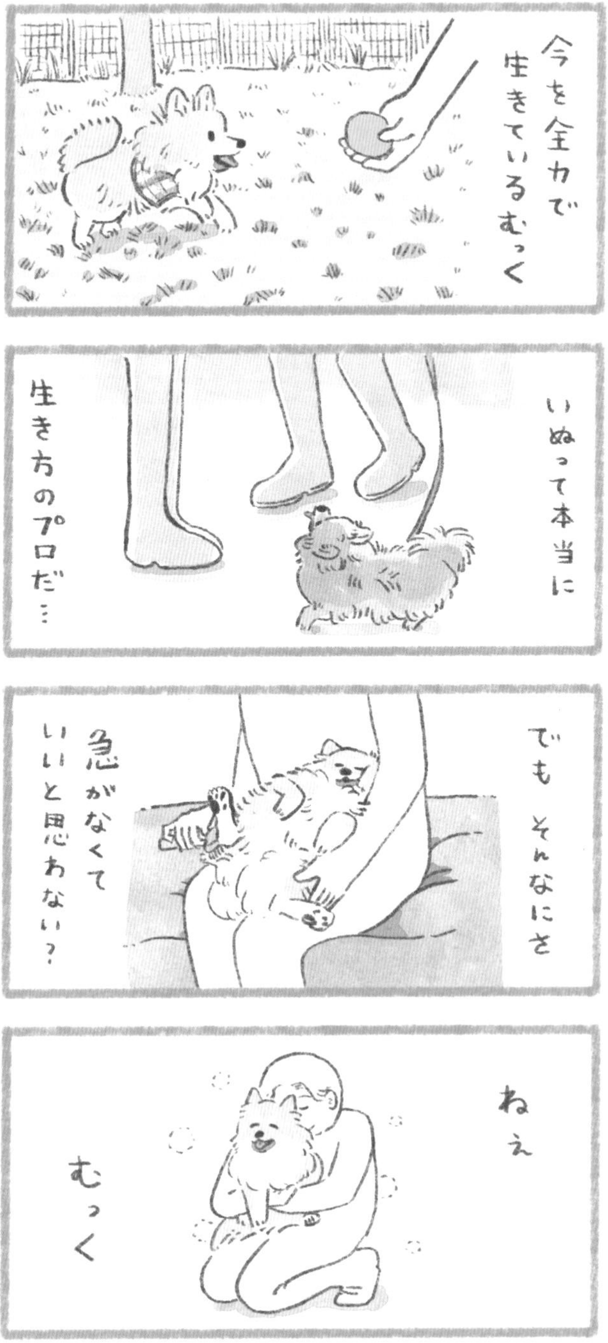
今を全力で
生きているむっく
いぬって本当に
生き方のプロだ…
でも　そんなにさ
急がなくて
いいと思わない？
ねぇ
むっく

コラム

むっくとおでかけキロク

行った場所：いつものドッグラン

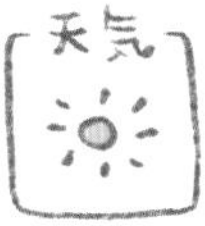
天気

むっくの一番好きなドッグラン。人もいぬも大好きなむっくなので休日のにぎやかな時に行くことが多い。

ドッグランでの1日

9:30
出発
移動中は
おとなしい
10:00
到着
ハイハイ
抑えきれない気持ち！
ハア
ハア
ハア
ハア
ハア
10:10
ドッグのラン
ビヨォーッン!!
引かれつつも
みんなの士気を上げるむっく
11:00
飽きる
みんなとあそばないの？
ク〜ン
ボール…
12:00
ボール
外でやるボール遊びサイコーッ!!
お昼も食べる（ピクニック）
帰宅
14:00〜15:00
全員爆睡

うちのむっくをもっと見て！のコーナー

その4

特別番外編

にじのはし

その1

にじのはし その1 ①

ムクリ
ここは？
気付いたらそこは
大きな大きな公園のようで
わ～!!
みんなにぎやかにあそんでいたり
ながめを楽しんでいて
たくさんのにおいと音が
あそぼ！
エヘヘ
あそぼー！
あふれている場所でした

こんなすごい場所
キャッ キャッ
はじめてきました
ぼくはたくさん走ったり
きょうそうだ！
ヒャッハー!!
おひるねしたり
グーグー
おいしいごはんも食べて
これ！ご主人がよく作ってくれたごはんです！
ここには何でもあるんだよ〜
お話もしたんですよ
でもその場所には
ご主人…
スクッ
ご主人は見当たらなくて

さがしても
さがしても
クンクン
バサッ
ほりほり
見つからなくて
ふと公園のはしから
下の方を見てみると
ポワワン…
小さな小さな
ご主人が見えました
でもここは
すごく近いようで
遠い場所の
ような気がしたから
ぼくは見ることしか
できませんでした

にじのはし その1 ②

その時
気付きました
ご主人…
ぼくはもう
おやつどうぞ
ありがとうございます
ここにくる時間
だったんだって
ぼくがご主人と
過ごす時間には
限りがあって
その後は
ここにくる
みたいなんです

ご主人と
過ごした時間は
ぼくにとって
かけがえのない
ものでした
ぼくはご主人と
一緒にいることが
できて
本当に
幸せでしたよ

また
会える日まで
ぼくはここで
のんびりして
えへへ
まってますから
ご主人も
たくさんたくさん
のんびりしたり
あそんだりしてから
きてくださいね
これからみんなで
あそぶみたいです

いってきます
ご主人

にじのはし その1 ③

ある日のことです
コッチの方がもふもふだぜ！
エへへ〜
わー!!
ボフンッ…
フワ〜
このにおい…
クルッ
フワ〜…
ポワワン…
サ
バッ!!
オーイ！どこいくんだー!?

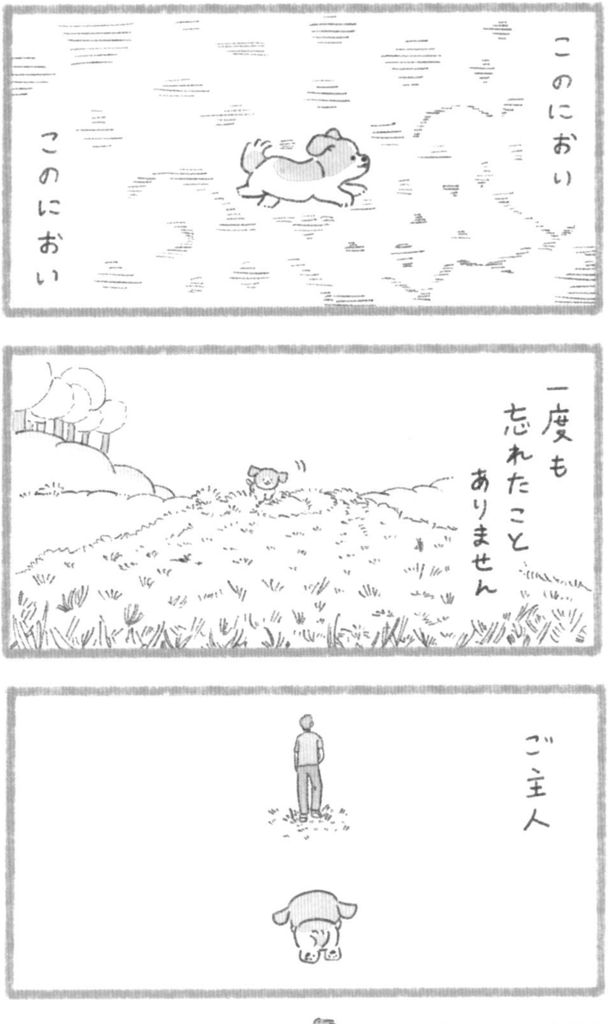
このにおい
このにおい
一度も
忘れたこと
ありません
ご主人
ご主人！

会えました
やっぱりまた
会えました
ぼくずっと上から
たくさん
あそんでました
ご主人のこと
見てたんですよ

ご主人の手は
いつも
あたたかいです
本当に
あたたかいです
そうだ！
おさんぽいきましょう
いつもみたいに
一緒に

特別番外編

にじのはし その2

にじのはし その2 ①

気が付くとそこは
ここは…?
スッ
全く知らない場所でした
キャッキャ
ビクッ
わー!!
わーい!
見たこともないものと聞いたことのない音
あははー!!
うう…
コンチワ!
そしてかいだことのないにおいであふれていました
ここもこわい場所なのでしょうか

しばらく歩いていると
遠くの方に何か見えました
あれは…
みんながたのしそうに
向こうへ歩いていきます
ぼくには
信じられませんでした
今までずっと
ぼくのそばに
いてくれたひとは
いませんでした

だからぼくは
あの子達を少し
うらやましく思っていました
ふと周りを見てみると
同じ気持ちの子も
たくさんいて
ただ向こうの方を
ながめていました
これからぼくは
どうすれば
いいのでしょうか

にじのはし その2②

ある日いつものように
はしっこでねていると
ポロロンッ
ピク
?
あっ
このひとも
ぼくと同じだって
すぐに
そう感じました

それからぼくは
そのひとの近くで
過ごすことにしました
!!
トココ
スッ

にじのはし その2 ③

出会ってから
どのくらいたったでしょうか
ぼくはこのひとと
いっしょに過ごしてきて
少しずつ心が
晴れやかになっていくのを感じていました
そしてこのひとの手が
ぼくにふれた時

あるはずのない
思い出が
たくさん
流れこんできました
もしかしたら
もしかしたら
もっとずっと前に
出会っていたのなら
こんな日々を
過ごしていたのかも
そんな光景でした
今の見ましたか!?

ニコッ
こんなこと
はじめてです！
いっしょに
行ってくれるんですか？

ありがとうございます

あとがき

こんにちは、じゅんです。

「うちのむっくはいつも楽しそう」をお読みいただきありがとうございます！ むっくとの暮らしがこうして一冊の本になったこと、とても嬉しく思います！

日々過ごしていく中でどんどんむっく（いぬという存在）への愛は増すばかりです… 皆さんもそうですか？

辛い時 悲しい時、本当にむっくに救われているなと感じております。

また、番外編として「にじのはし」のお話を載せさせていただきました。皆さんより「本にして欲しい」というお声を沢山いただいておりましたので今回担当編集さんにお願いしたところ、快く了承いただきました！ そちらもぜひお読みいただけますと幸いです。

最後に、『うちのむっくはいつも楽しそう』が本になるまでに協力・応援していただいたすべての方に感謝申し上げます！

じゅん

みなさんこんにちは✧かいぬしその②です。
この本を読んだすべてのみなさま、この世に生きる

すべてのおいぬに幸あれ!!!

じゅん

おいぬが好きなイラストレーター。1996年生まれ、茨城県出身。
いぬを中心にやさしいタッチのイラストを得意としている。
著書に『こんにちは、いぬです』シリーズ4巻（幻冬舎）、
『もっさりもさお　ぼくがいるからだいじょうぶ！』（双葉社）がある。
Instagram：@jun8213kame
X（旧Twitter）：@kametan_jun
ブログ：「じゅんのいぬかわいいメモ」https://jun8213kame.blog.jp/

ブックデザイン　あんバターオフィス
校正　東京出版サービスセンター
編集　田中悠香（ワニブックス）

うちのむっくは いつも楽しそう

著者　じゅん

2024年3月13日　初版発行

発行者　横内正昭
編集人　青柳有紀
発行所　株式会社ワニブックス
〒150-8482
東京都渋谷区恵比寿4-4-9　えびす大黒ビル

ワニブックスHP　http://www.wani.co.jp/
（お問い合わせはメールで受け付けております。HPより「お問い合わせ」へお進みください。※内容によりましてはお答えできない場合がございます。）

印刷所　株式会社美松堂
製本所　ナショナル製本

ISBN978-4-8470-7415-8